¡Saludos, águilas!

MARAVILLAS ANIMALES 21

LAS ÁGUILAS

KATE RIGGS

CREATIVE EDUCATION | CREATIVE PAPERBACKS

SOY EL PÁJARO
MÁS FUERTE,
MÁS RÁPIDO Y
MÁS GENIAL
QUE HAY.

Índice

Publicado por Creative Education y Creative Paperbacks
P.O. Box 227, Mankato, Minnesota 56002
Creative Education y Creative Paperbacks
son sellos editoriales de The Creative Company
www.thecreativecompany.us

Diseño de Graham Morgan
Dirección artística de Blue Design (www.bluedes.com)

Imágenes de Dreamstime/Predrag1, 23; Getty Images/BirdImages, 14-15, Bluberries, portada (izquierda), bucky_za, portada (centro); Shutterstock/Adrian T Jones, 2, critterbiz, 17, Eric Isselee, portada (derecha), 3, 20-21, 24, FloridaStock, 1, 16, Igor Kovalenko, 13, Johan Swanepoel, 4, Jason Watson, 18-19, Sergey Uryadnikov, 10-11; Unsplash/Mathew Schwartz, 6-7, 8-9

Library of Congress Cataloging-in-Publication Data
Names: Riggs, Kate, author.
Title: Las águilas / by Kate Riggs.
Other titles: Eagles. Spanish
Description: Mankato, Minnesota : Creative Education and Creative Paperbacks, [2025] | Series: Maravillas | Includes index. | Audience: Ages 4-7 | Audience: Grades K-1 | Summary: "An introduction to eagles, this beginning reader features eye-catching photographs, humorous captions, and basic life science facts about these birds of prey. This Spanish text includes a labeled image guide, glossary, and index"-- Provided by publisher.
Identifiers: LCCN 2024021890 (print) | LCCN 2024021891 (ebook) | ISBN 9798889895053 (library binding) | ISBN 9781682777169 (paperback) | ISBN 9798889895176 (ebook)
Subjects: LCSH: Eagles--Juvenile literature.
Classification: LCC QL696.F32 R542518 2025 (print) | LCC QL696.F32 (ebook) | DDC 598.9/42--dc23/eng/20240627

Impreso en China

Las águilas viven en muchos lugares. Muchas águilas viven cerca del agua.

¡ESTOY USANDO MI VISIÓN DE ÁGUILA!

El cuerpo de las águilas tiene **plumas**. Las plumas son cafés, negras, grises o blancas.

Un águila tiene garras en las patas. Tiene alas que le ayudan a volar.

¡ESTOY VOLANDO!

Las águilas comen carne. Cazan ratones y serpientes. Algunas águilas atrapan peces para alimentarse.

¿ESTO ME CONVIERTE EN UN PEZ VOLADOR?

LOS HUEVOS DE ÁGUILA ABREN EN 35 DÍAS.

Las crías de águila se llaman aguiluchos. Nacen en un nido. Pronto los aguiluchos crecen demasiado para el nido.

Un águila vuela en el aire. Se posa en una rama. Limpia sus plumas.

¡Adiós, águilas!

HASTA
LUEGO

[Imagina un águila]

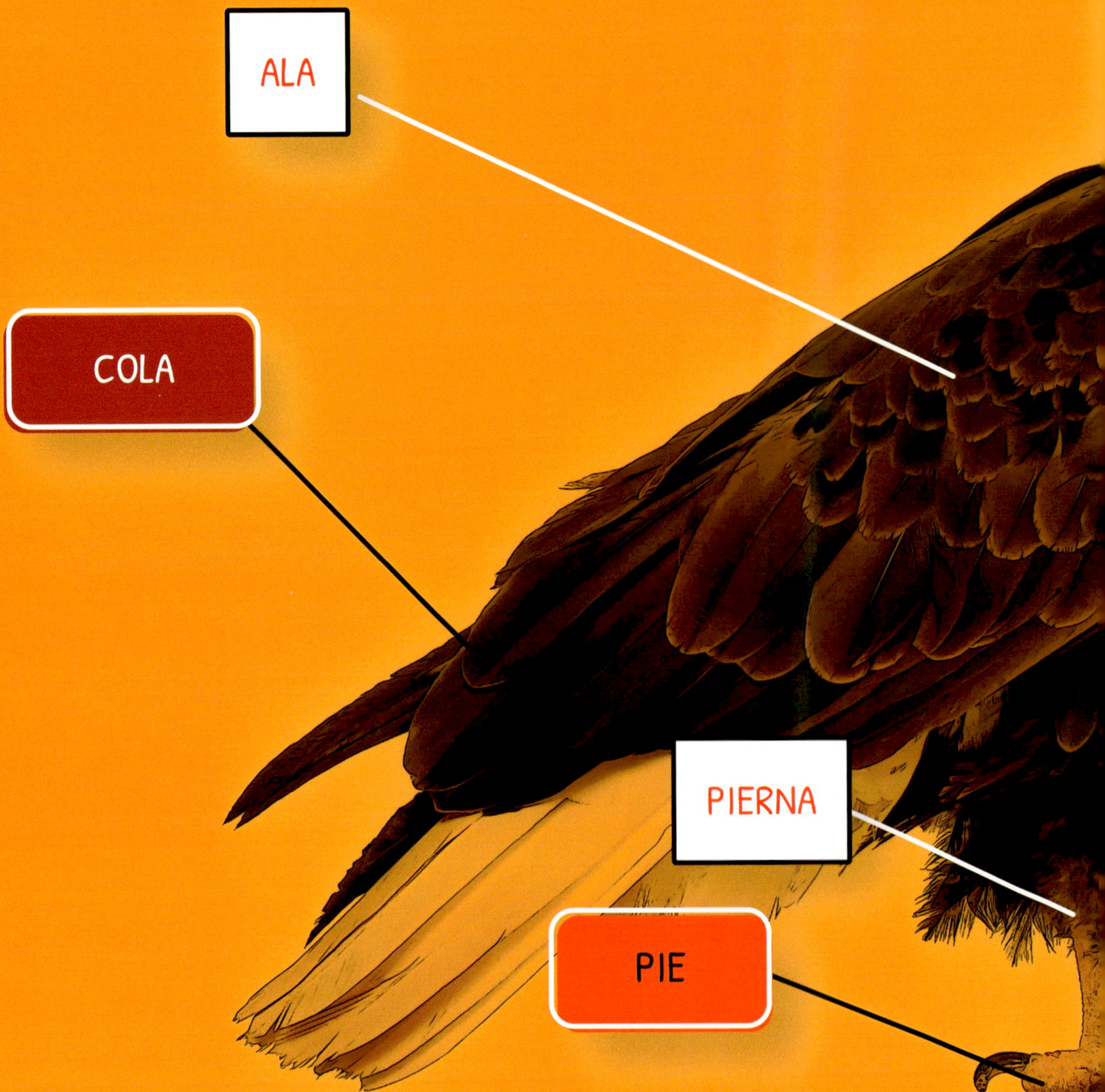

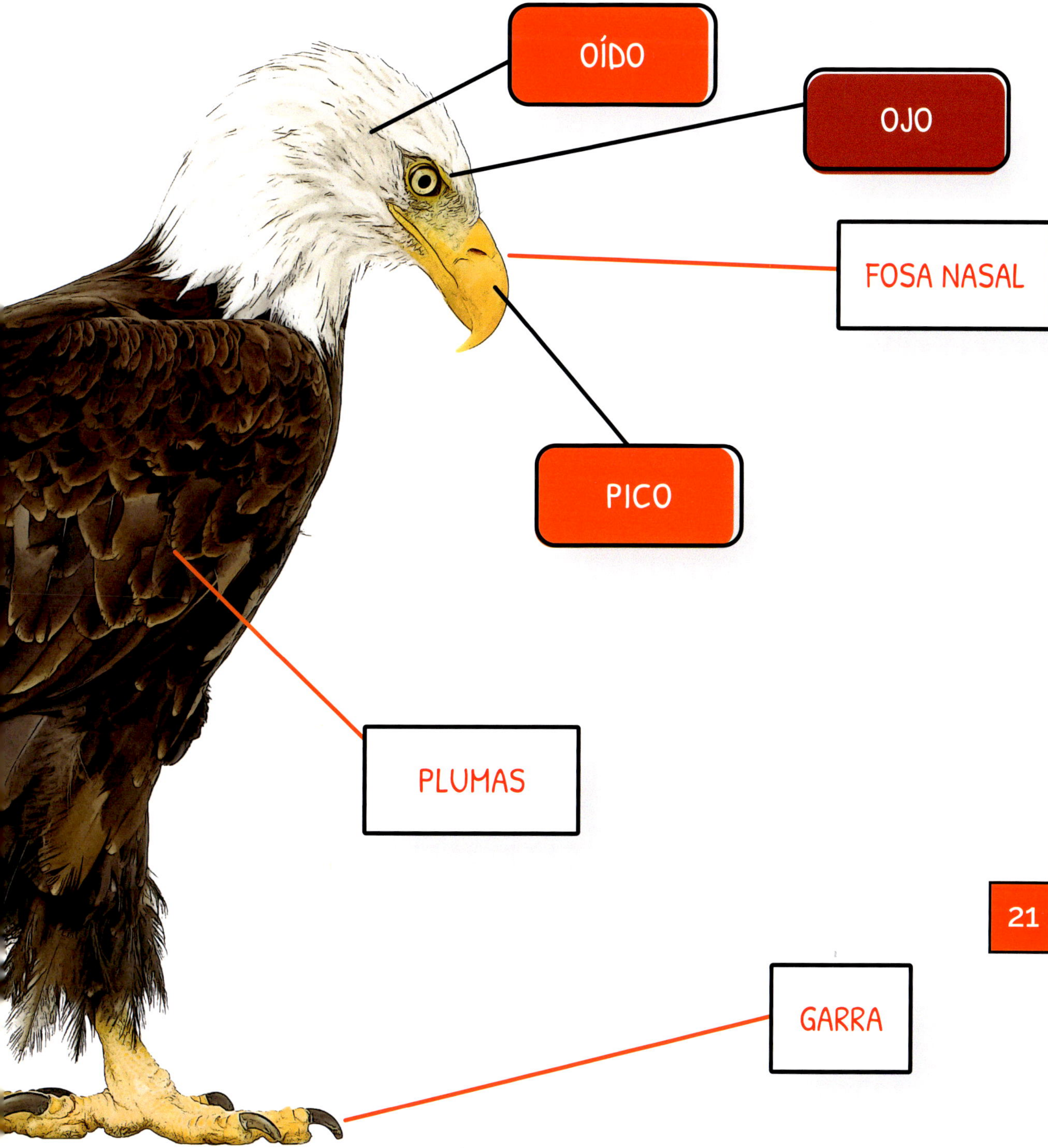
OÍDO
OJO
FOSA NASAL
PICO
PLUMAS
GARRA

PALABRAS QUE DEBES CONOCER

garra: uña curvada del dedo de un animal

pluma: parte del cuerpo de un ave que sale de su piel

rama: parte de un árbol que sale del tronco

ÍNDICE